ART&DESIGN

高等院校艺术设计教育『十二五』规划教材

学术指导委员会

张道一　杨永善　尹定邦　柳冠中　许　平　李砚祖　何人可　张夫也

编写委员会

总主编　张夫也

执行主编　陈鸿俊

编委（按姓氏笔画排序）

王　礼　王　剑　王莉莉　王鹤翔　王文全　丰明高　邓树君　白志刚

江　杉　安　勇　龙跃林　许劭艺　朱方胜　孙　丽　刘　荃　刘永福

刘镜奇　刘晓敏　刘英武　尹建强　李立芳　李　轩　李嘉芝　李　欣

陈　希　陈鸿俊　陈凌广　陈　新　陈广禄　陈　杰　陈祖展　陆立颖

张夫也　张　新　张志颖　何　辉　何新闻　何雪苗　苏大椿　沈劲夫

劳光辉　易　锐　罗　潘　柯水生　徐　浩　桑尽东　殷之明　唐宇冰

袁金戈　商　杰　梅爱冰　蒋尚文　韩英杰　彭泽立　雷珺麟

廖少华　戴向东

GAODENGYUANXIAO
YISHUSHEJIJIAOYU
SHIERWUGUIHUAJIAOCAI

高等院校艺术设计教育『十二五』规划教材

写生速写表现

主编 罗友

Xiesheng
Suxie Biaoxian

GAODENGYUANXIAO
YISHUSHEJIJIAOYU
SHIERWUGUIHUAJIAOCAI

中南大学出版社
www.csupress.com.cn

图书在版编目(CIP)数据

写生速写表现/罗友主编. —长沙：中南大学出版社，2014.8
ISBN 978－7－5487－1166－7

Ⅰ.写... Ⅱ.罗... Ⅲ.建筑画－速写技法 Ⅳ.TU204

中国版本图书馆 CIP 数据核字(2014)第 184174 号

写生速写表现

罗 友 主编

□责任编辑	陈应征		
□责任印制	易建国		
□出版发行	中南大学出版社		
	社址：长沙市麓山南路	邮编：410083	
	发行科电话：0731-88876770	传真：0731-88710482	
□印　　装	湖南媲美彩色印刷有限公司		

□开　本	889×1194　1/16	□印张 7.5	□字数 232 千字	□插页
□版　次	2014 年 8 月第 1 版	□2014 年 8 月第 1 次印刷		
□书　号	ISBN 978－7－5487－1166－7			
□定　价	35.00 元			

总　序

　　人类的设计行为是人的市质力量的体现，它随着人的自身的发展而发展，并显示为人的一种智慧和能力。这种力量是能动的，变化的，而且是在变化中不断发展，在发展中不断变化的。人们的这种创造性行为是自觉的，有意味的，是一种机智的、积极的努力。它可以用任何语言进行阐释，用任何方法进行实践，同时，它又可以不断地进行修正和改良，以臻至真、至善、至美之境界，这就是我们所说的"设计艺术"——人类物质文明和精神文明的结晶。

　　设计是一种文化，饱含着人为的、主观的因素和人文思想意识。人类的文化，说到底就是设计的过程和积淀，因此，人类的文明就是设计的体现。同时，人类的文化孕育了新的设计，因而，设计也必须为人类文化服务，反映当代人类的观念和意志，反映人文情怀和人市主义精神。

　　作为人类为了实现某种特定的目的而进行的一项创造性活动，作为人类赖以生存和发展的最基市的行为，设计从它诞生之日起，即负有反映社会的物质文明和精神文化的多方面内涵的功能，并随着时代的进程和社会的演变，其内涵不断地扩展和丰富。设计渗透于人们的生活，显示着时代的物质生产和科学技市的水准，并在社会意识形态领域发生影响。它与社会的政治、经济、文化、艺术等方面有着千丝万缕的联系，从而成为一种文化现象反映着文明的进程和状况。可以认为：从一个特定时代的设计发展状况，就能够看出这一时代的文明程度。

　　今日之设计，是人类生活方式和生存观念的设计，而不是一种简单的造物活动。设计不仅是为了当下的人类生活，更重要的是为了人类的未来，为了人类更合理的生活和为此而拥有更和谐的环境……时代赋予设计以更为丰富的内涵和更加深刻的意义，从根市上来说，设计的终极目标就是让我们的世界更合情合理，让人类和所有的生灵，以及自然环境之间的关系进一步和谐，不断促进人类生活方式的改良，优化人们的生活环境，进而将人们的生活状态带入极度合理与完善的境界。因此，设计作为创造人类新生活，推进社会时尚文化发展的重要手段，愈来愈显现出其强势的而且是无以替代的价值。

　　随着全球经济一体化的进程，我国经济也步入了一个高速发展时期。当下，在我们这个世界上，还没有哪一个国家和地区，在设计和设计教育上有如此迅猛的发展速度和这般宏大的发展规模，中国设计事业进入了空前繁盛的阶段。对于一个人口众多的国家，对于一个具有五千年辉煌文明史的国度，现代设计事业的大力发展，无疑将产生不可估量的效应。

　　然而，方兴未艾的中国现代设计，在大力发展的同时也出现了诸多问题和不良倾向。不尽如人意的设计，甚至是劣质的设计时有面世。背弃优秀的市土传统文化精神，盲目地追捧西方设计风格；拒绝简约、平实和功能明确的设计，追求极度豪华、奢侈的装饰之风；忽视广大民众和弱势群体的需求，强调精英主义的设计；缺乏绿色设计理念和环境保护意识，破坏生态平衡，不利于可持续性发展的设计；丧失设计伦理和社会责任，极端商业主义的设计大行其道。在此情形下，我们的设计实践、设计教育和设计研究如何解决这些现实问题，如何摆正设计的发展方向，如何设计中国的设计未来，当是我们每一个设计教育和理论工作者关注和思考的问题，也是我们进行设计教育和研究的重要课题。

　　目前，在我国提倡构建和谐社会的背景之下，设计将发挥其独特的作用。"和谐"，作为一个重要的哲学范畴，反映的是事物在其发展过程中所表现出来的协调、完整和合乎规律的存在状态。这种和谐的状态是时代进步和社会发展的重要标志。我们必须面对现实、面向未来，对我们和所有生灵存在的环

总 序

境和生活方式，以及人、物、境之间的关系，进行全方位的、立体的、综合性的设计，以期真正实现中国现代设计的人文化、伦理化、和谐化。

本套大型高等院校艺术设计教育"十一五"规划教材的隆重推出，反映了全国高校设计教育及其理论研究的面貌和水准，同时也折射出中国现代设计在研究和教育上积极探索的精神及其特质。我想，这是中南大学出版社为全国设计教育和研究界做出的积极努力和重大贡献，必将得到全国学界的认同和赞许。

本系列教材的作者，皆为我国高等院校中坚守在艺术设计教育、教学第一线的骨干教师、专家和知名学者，既有丰富的艺术设计教育、教学经验，又有较深的理论功底，更重要的是，他们对目前我国艺术设计教育、教学中存在的问题和弊端有切实的体会和深入的思考，这使得本系列教材具有了强势的可应用性和实在性。

本系列教材在编写和编排上，力求体现这样一些特色：一是具有创新性，反映高等艺术设计类专业人才的特点和知识经济时代对创新人才的要求，注意创新思维能力和动手实践能力的培养。二是具有相当的针对性，反映高等院校艺术设计类专业教学计划和课程教学大纲的基本要求，教材内容贴近艺术设计教育、教学实际，有的放矢。三是具有较强的前瞻性，反映高等艺术设计教育、教材建设和世界科学技术的发展动态，反映这一领域的最新研究成果，汲取国内外同类教材的优点，做到兼收并蓄，自成体系。四是具有一定的启发性。较充分地反映了高等院校艺术设计类专业教学特点和基本规律，构架新颖，逻辑严密，符合学生学习和接受的思维规律，注重教材内容的思辨性和启发式、开放式的教学特色。五是具有相当的可读性，能够反映读者阅读的视觉生理及心理特点，注重教材编排的科学性和合理性，图文并茂，可视感强。

总之，本系列教材具有鲜明的专业性和时代性，是高校艺术设计专业十分理想的教材。对于广大设计专业人士和设计爱好者来说，亦不失为一套实用的参考读物。相信本系列教材的问世，对促进我国设计教育的发展和推进高等艺术设计教学的改革，对构建文明而和谐的社会发挥其积极而重要的作用。

是为序。

2006年圣诞前夕于清华园

张夫也　博士 清华大学美术学院史论学部主任、教授、博士研究生导师
　　　　中国美术家协会理论委员会委员

前　言

　　速写是一种快速写生的方法，它不仅是一切造型艺术的基础，而且是一种独立的极富魅力的艺术形式。对设计专业的学生来说，多画速写是提高造型能力的最佳途径，因为速写能训练我们敏锐的观察力、快速的反应力、果断的取舍力、高度的概括力和丰富的表现力。速写能唤起我们对大自然的热爱，让我们对生活充满激情和向往。速写更是我们用心记录生活、积累素材、表达情感的一种绘画语言。

　　速写对绘画工具的要求并不高。一般来说能在材料表面留下痕迹的工具都可以用来画速写，比如我们常用的铅笔、钢笔、签字笔、马克笔、圆珠笔、碳笔、市炭条、毛笔等。因此速写相对于其他艺术表现形式更加方便、快捷。速写的灵魂是"线"，用线归纳景物形态的造型方法是速写的主要表现形式。只有线才能最迅速、最简洁地表达出物象形体结构的基本形态、构造、体积及空间特征，而线的曲直、长短、轻重、疏密、缓急则是刻画和塑造各种景物形象特征和质感的表现手段。速写的线是"写"出来而不是"画"出来的，一幅好的速写作品，它的线条一定是轻松流畅、简练明快、概括生动的。

　　我热爱速写，每次外出写生都会有新的发现、感受，都会积累一些作品。市书以我历年写生考察的速写记录作品为主线来编写，记录地方建筑形象及装饰构造元素，展示速写记录的表现形式、要点、意义。旨在通过对环境的观察、速写记录、素材积累等手段锻炼学生的构图能力、提炼元素能力与概括取舍能力，为将来的方案设计表现服务。

罗　友
2014年7月15日

目 录

第一章　写生速写的目的与任务

掌握速写的基础知识、基础理论和基本技能，从而准确、生动、深刻地表现对象，把写生所得应用于艺术创作，转化为素材。强调以专业速写的形式记录地方建筑形象及装饰构造元素，锻炼学生的构图能力、提炼元素能力与概括取舍能力。达到设计专业素材积累的目的。为设计专业课程教学奠定坚实的基础；与专业设计表现对接，并为后续的方案设计服务。

2014. 3. 8
台湾嘉義民雄
区间车站月台

　　通过速写练习，让学生观察生活，热爱生活，关注身边的事物，培养学生灵敏的观察能力、感受能力和迅速捕捉物象形神的能力，能够用美术语言表达自己的内心感受。

通过风景写生激发学生的审美情感，用审美的眼光看
待生活中的事物，从而更加善于发现大自然的美。

用淡彩的表现形式来体现特定的场景氛围。

启发学生的艺术感受，引导学生探索不同的表现方法，开发自身的语言模式，使作品有独特的语言风格。

河西畫村 溪水芭蕉树一景
江西婺源. 2013. 4. 19. 陈迟

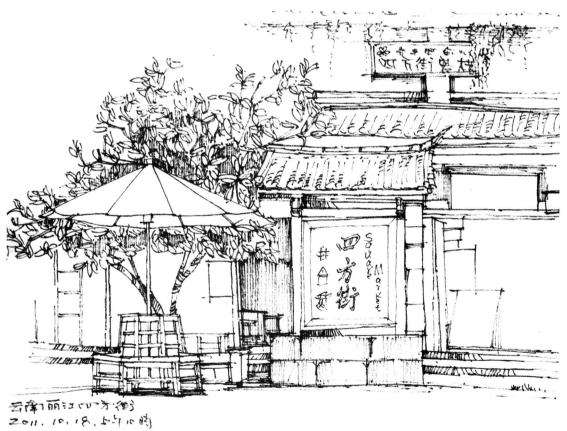

标志性场所具有地标意义，配上协调的附景，使画面更具美感。

菜园子里的树
江西婺源思口长滩
上午十点半
2013.4.14

景观专业树木植物的综合场景表现。

融入了景观设计表现的技法，运笔、塑形都将速写记录和表现技法结合起来。

带有文字记录的场景速写，看上去更有纪念意义。

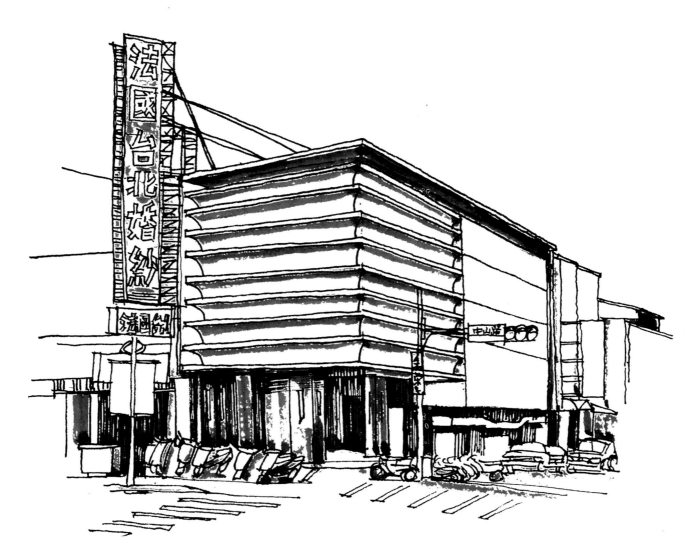

2014. 4. 7.
嘉義中山路上的法國台北婚纱店
在中山路上鹤立鸡群,白色现代
的构成式外装饰.与琳琅满目
的广告牌旧房子对比鲜明.
颇为繁华的中山路上就此一幢
新地标式店铺.
位於西菜街与中山路口.

　　可以将感受、心得或介绍以文字说明的形式附在场景速写记录里，还可以附加一些特殊的符号，比如尺寸标注、年代记事等。既体现当时的特定情景，又为回忆平添一份时空感。

第二章　写生速写表现要点

第一节　构图

速写观察，要想把繁杂的场景描绘于纸上，就要先观察场景的特征、空间尺度、透视比例和主次关系，在动笔过程中不断修正和思考，再做纸面安排。这种观察和分析安排，是整体进行的，是将大场景和小物件联系在一起来分析和布局的。正确描绘对象的方法是比较，在特征、结构、明暗、主次上进行区别和联系。速写的时间性迫使你努力抓住对象的大特征、大尺寸和大关系。

常规构图以画面为中心向四周展开，合适地布满图纸为宜，特殊构图除外；构图切忌太小、太满，或偏上偏下偏左偏右。

构图太小，画面空荡，欠缺完美的比例协调感，直接影响视觉效果。

　　构图太满，视觉上就会有很堵的感觉。哪怕作品绘制得再好，在预先构图定位上太过草率，还是难以达到满意的效果。

偏左

偏右

偏下

偏上

　　将画面边距往内收一定尺度，做到无形的内边框，使构图大小合适且居中，适合画面，比例协调，从而令常规构图达到标准。

二〇11.10.15. 云南大理古城
45半PM

这棵树本身就向左倾斜，由近景向远景递推。

〈学生习作〉

　　构图的重心偏向左侧，透视点向右侧消失，属于特例构图。

江西婺源
二〇一三年四月十四日.

〈学生习作〉
　　以错落有致的马头墙为表现主体，线条运用挺直，显示力感。

〈学生习作〉
构图以门墙为主体向两侧虚化。

〈学生习作〉

　　构图整体，以单个场景进行具象表现。

江西婺源、
二〇一三年四月十八日.

〈学生习作〉
　　透视构图的典型作品，场景纵深感得以呈现。

　　构图就是安排画面。平时画速写，将对象安排
在画面的合适位置，形成一种构图习惯。要遵循绘
画中对比均衡的法则。根据需要，树木附景、陈设
小品等都可以，做小的移动和删减，讲究精炼集
中。为了掌控画面，可以在纸上先进行内容分割，
也可以用笔先做记号。局部下笔时，就需要顾及上
下左右的空间透视。

留白构图形式是特例构图的一种，旨在不让繁复的表现掩盖主要内容。

以房屋为主体，树木为附景。

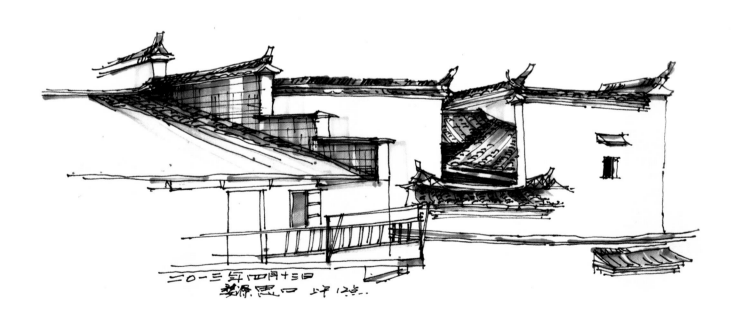

主要表现房屋屋檐错落有致的造型特点。

第二节　透视

在徒手画速写时，是不可能拿尺子去定透视点或线的，但是可以用笔在画面定一些关键的透视点，不至于画面透视极不合理。常用到的透视有：一点透视，两点透视（成角透视）以及多点透视。在写生速写表现里，需要掌握基本的透视原理，而后将其转换成感性透视——不一定完全符合透视原理，但并不影响空间透视关系，俗称将理性透视转换成感性透视。

大场景往往用一点透视直接表现。

感性透视表现。

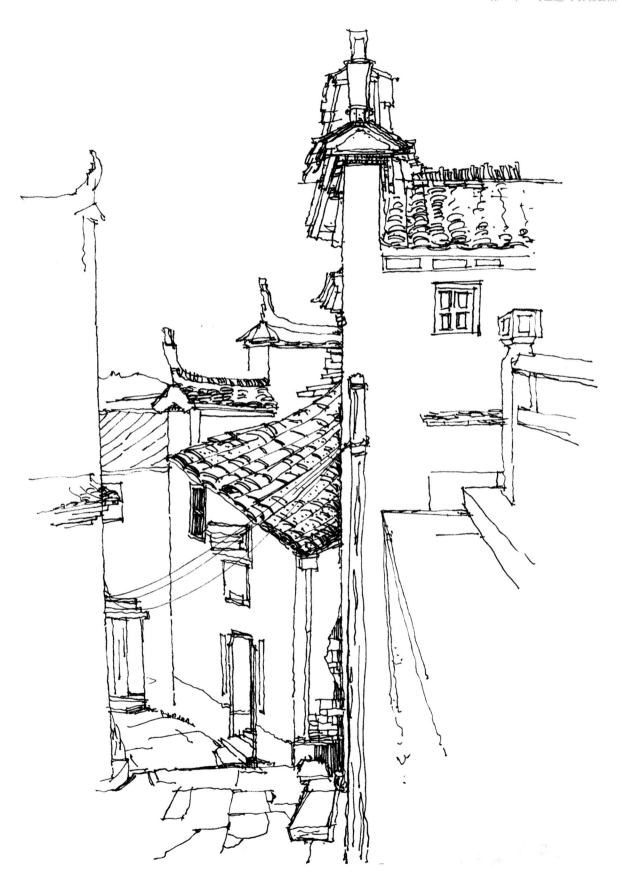

构图随空间变化而转折。

近实远虚，旨在表达街道两侧的建筑及空间感。

由上而下，逐步虚化。

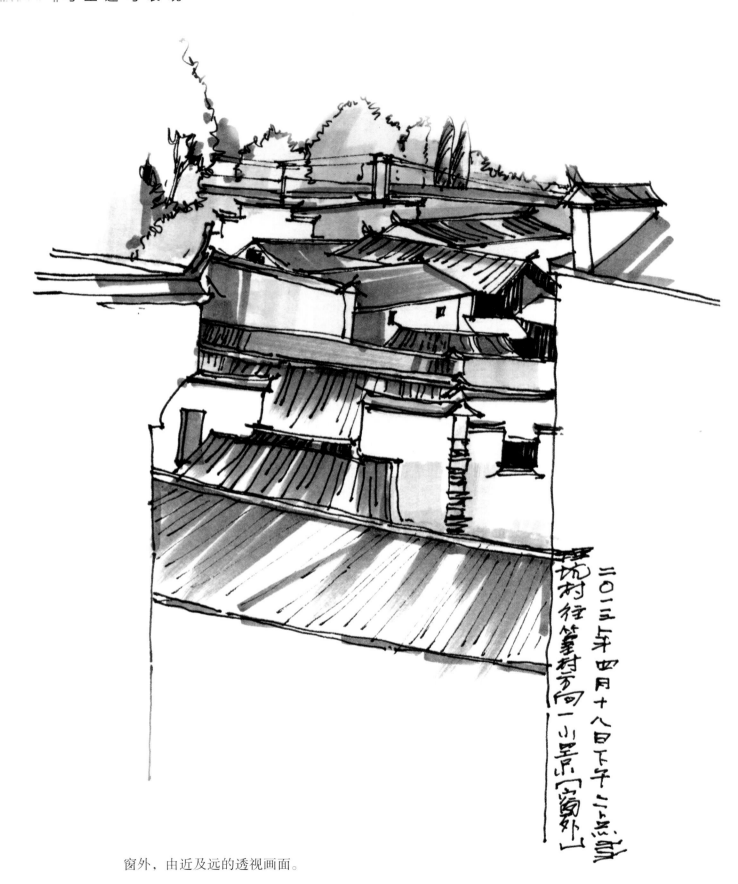

二〇一三年四月十八日下午二点钟
村往篁村方向一小景「窗外」

窗外，由近及远的透视画面。

云南大理喜洲四方街
喜洲耙耙街景（一）
2011.10.12.AM

云南丽江黑龙潭
（左）得月楼 长廊连接
2010.12.7.

第三章　写生速写表现形式

写生速写作品的美感，除了技法以外，还取决于作者的修养及作画时的立意构思。立意要高，构思要巧，技法要活。因此表现技法因素而变，缘情而化。

写生速写表现形式是无限的，并没有局限于用铅笔或钢笔勾勒线条，也没有说速写就不能上色彩，更没有说一定是油画或其他艺术那样新奇。油画国画或其他艺术创作的基础，同样是一门不可忽视的学科，尤其是近些年来被大众接受和推崇的以各种形式表现的速写，如风景的、人物的、建筑的、生活场景记录的等。因此，写生速写表现形式无不拘，也无很入性的。比如摄影，你认为这入景致要色彩明快，那么你就上色表现，你认为调成黑白的更有氛围，那就色表现，你认为需要明暗区分，那就用黑白灰表现……总之，选择你最想要的或你认为最好的表现形式。

残缺的古木楼

二〇一二年四月十二日

用明暗的手法来表现，使用同色系马克笔两支。

用单色系表现，使用马克笔一支。

　　线条和色调并重的这种画法，线条有轻有重，有粗有细，有刚有柔，形成深浅层次和明暗韵味，可以反映不同形象的质感、美感及作者的激情。这种速写的特点是生动活泼，体现整体气氛而不拘泥于形象的某些细节，适于表现某些热闹的、动感很强的风景，如热火朝天的工地、喧闹的街景等。

马克笔枯笔表现。

用钢笔线描加水彩上色的表现形式。这种旧的铁皮房子颜色很多，必须用色彩表现才能体现那种感觉。

用透明水色点出海面的蓝色。

画这幅速写时，正遇上下小雨，雨水滴在画纸上，笔痕随即匀开，倒是符合了当时烟雨蒙蒙的场景。

010、12.5中午1点40分.
7前江拉市海景,
风大,太阳也很大.

那天风很大，吹得树木往一边倒，可以试着只用透明水色来表达此情景。

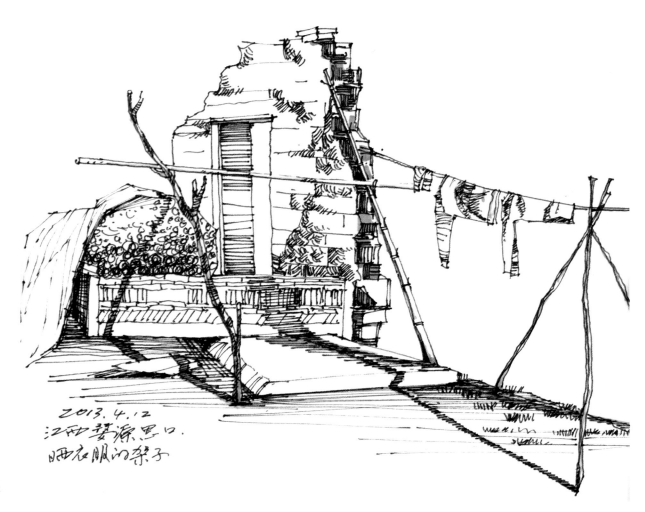

2013.4.12
江西婺源思口.
晒在明的架子

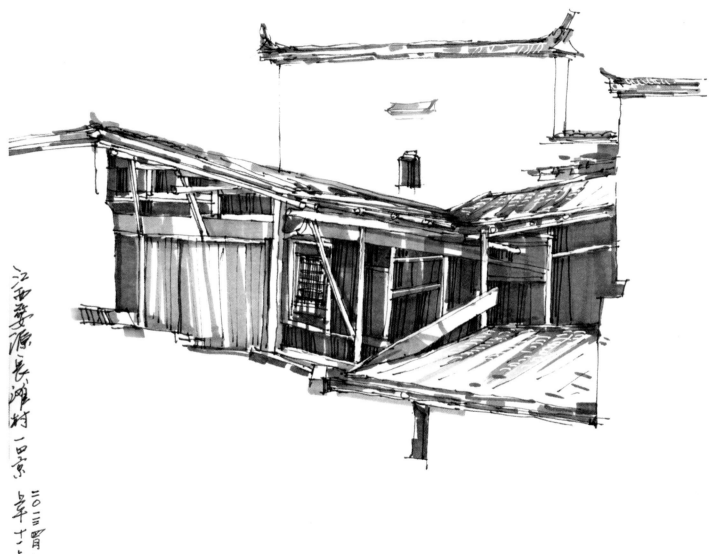

马克笔单色系表现

留意不同媒介的"工具"特性，尽可能地多做尝试，直到找到合适的工具和表达方式。

每个画家都有独特的绘画习惯，所选择的工具和媒介也不一样，即使用同一种工具，也会因创作时的心态和目的不同，呈现出大为不同的画面效果。每一位画家都希望能用最有效的表达方式给观赏者以刺激（视觉强化），而观赏者则通过这些视觉形式的表白，对艺术感情产生知性认识。

先用钢笔线描，然后用透明水色，最后用白色记号笔表现水纹。

针管笔勾勒树丛，水彩淡彩。

蓝水白墙，透明水色表现。

理坑舞洲室陆内
2013.4.17.

两支马克笔，明暗调子的表现。马克笔的特点：携带方便，表现笔触利落，不能调色，但可以叠加混合。

〈学生习作〉

构图的取舍，远近虚实，重点刻画。

〈学生习作〉

　　透视的表现，线条的运用。

2008.10.21.PM
江西婺源沱川鐘村后山

场景激发灵感，十分钟极速表现，自动铅笔。

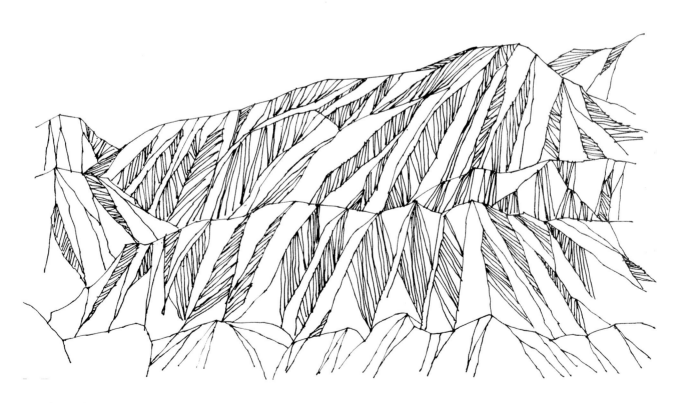

钢笔线描，装饰性很强（台湾高雄月世界山脉）。

钢笔速写因其特有的魅力一直被大家所喜爱。

线条与画面疏密有致构成的搭配组合，在视觉上往往让人感受到一种控制性极强的秩序之美。真实而质朴地体现了个人观察与记录的立场和态度。

要注意多看多画。多看包括临摹，从前辈大师的优秀作品中得到启示，找到一种适合于自己的技法，可以事半功倍。多画，则是要深入大自然中进行大量的速写训练。"不积小流，无以成江海"，没有足量的技能训练，画好速写只能是一句空话。我们只有不断地到大自然中去体验，多练习，才能画出优秀的风景速写作品。

第四章 写生速写记录案例

每一个你有记忆的场景，每一张具有情感的速写画面，都记录着你生活的足迹。因此，在要作一幅速写表现时，首先要选景。选出的场景能激发你的创作欲望，也会在采风中最美的一笔，同时的地点留下印象中最美的一笔。特定的场景可以用不同的方式去表现。记录生活，提炼作品，保持你的第一反应，这能提升你的表现技法。尝试用生动的笔触画出场景的"原生态"，将自己的情感融入其中。

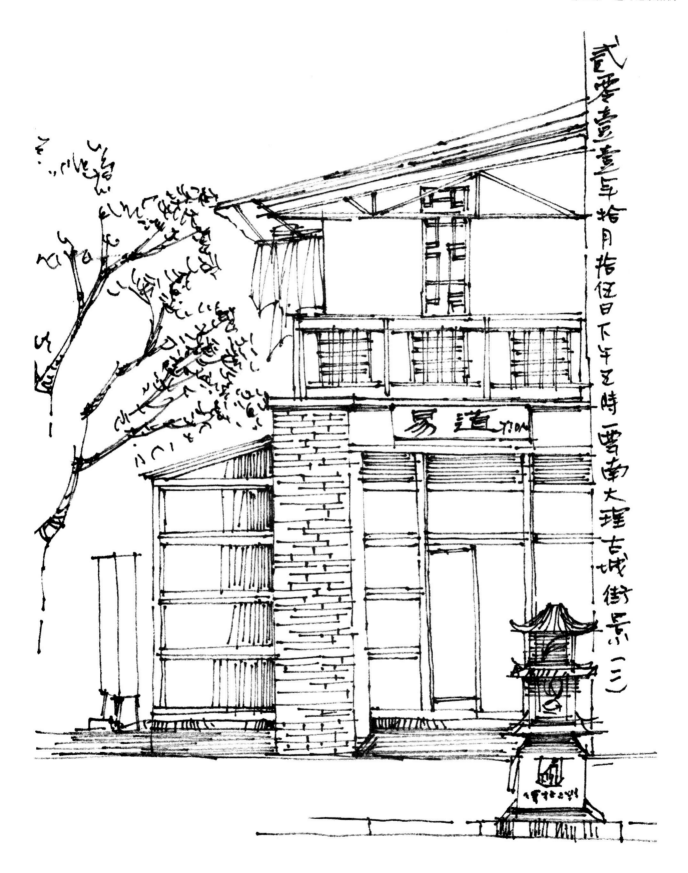

易道 coffee

主体架构造型配上附景，突出地方性标志场景。

场景氛围需要多种特件丰富产生。

大理洋人街中心广场门楼主体表现，钢笔线勾，马克笔压衬暗部。

写生记录，首先锻炼造型能力，细心观察结构和比例很重要。

嘉义朝天宫一角
二〇一四年三月二十四

庙宇的特征是色彩绚丽，需用色彩加以点题，突出交趾陶和剪黏的个性特色。

标志性主体表现，需有附景衬托，场景感才更生动。

云南丽江束河龙门大寨内景
2009. 10. 29. 11时

同一场景，理解不同，表现不一。

提炼概括，分层、分级一一表现。

构图及表现选题在场景中提炼，找到感觉很重要。

云南大理、大理王府院内小品一景
贰零壹壹年拾月拾肆日
上午十二点三甲

同一场景，不同视点的表现。

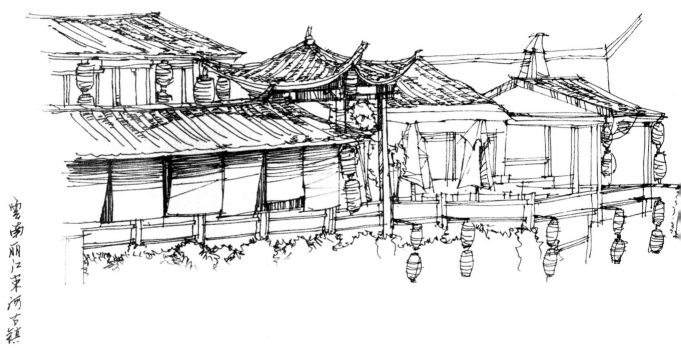

云南丽江束河古镇
合香楼食府
二零零玖年
十月廿九日上午十时

云南丽江束河古镇
二OO九年十月廿九日PM 3:0

二〇〇九年十月三十日中午12:00
云南丽江束河古镇

阿里山森林公园小火車.
是走这样的. 红色
阿里山—沼平 六分钟
阿里山—神木 九分钟
吉利木们路上我们四人.主了一节车厢
2014. 3. 16. 上午.

第五章 写生速写素材记录

速写经常被从事绘画和设计的专业人士用来为个人创作收集素材。从素材出发，凡是一个平凡的物件、一段时期的生活片段，都有可能成为创作的动因。一旦艺术家和设计师投入创作，素材便开始转换成家在的东西。由此而产生的或无以名状的东西，全有一种全新的完全与素材形象有人个需求，无论是内心、这是定外在的都有了。这定素材与创作之间的有助关的意义。大量的速写笔记和学习的基末关系。艺术家和设计师表现生活及其与环境的关系。

台湾嘉义
铁道艺术村.

走了近西公里
路程.当看到
这个牌楼的时候
就知道终于找到了
2014. 3. 2

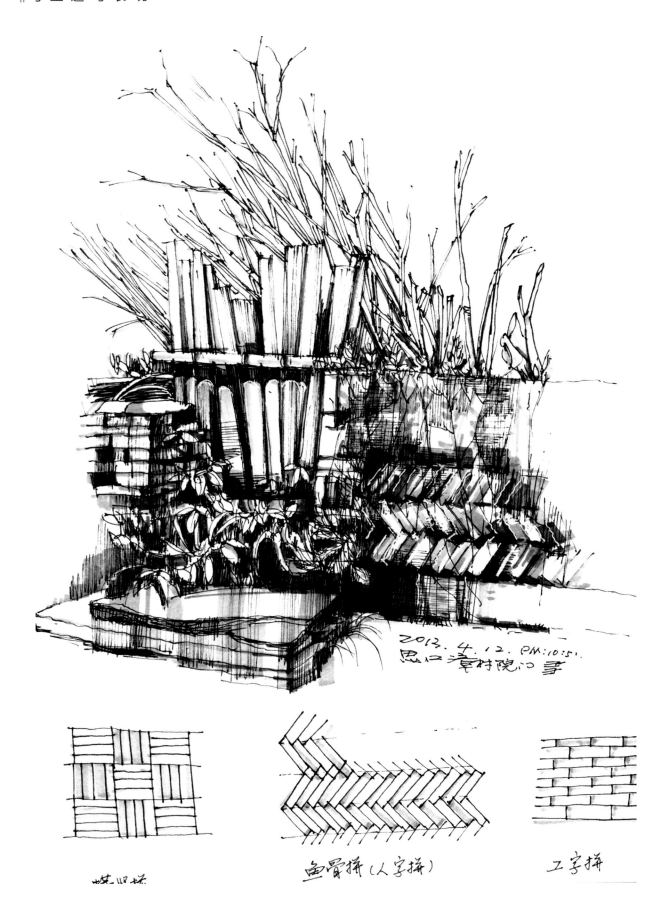

2013. 4. 12. PM:10:51.
思口漳村院口事

蜘旧拼

鱼骨拼（人字拼）

工字拼

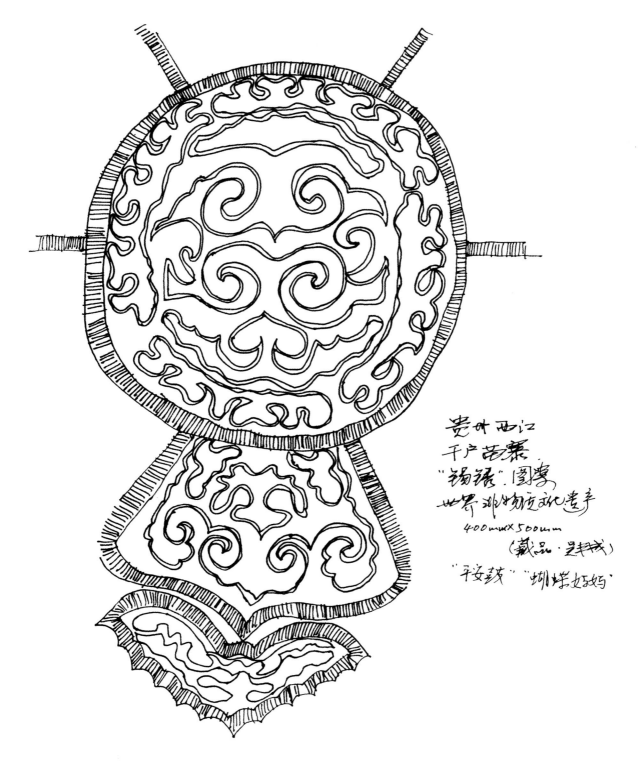

贵州西江
千户苗寨
"锡锈"图案
世界非物质文化遗产
400mm×500mm
(藏品·吴开锈)
"平安鼓""蝴蝶妈妈"

　　"平安鼓""蝴蝶妈妈"——贵州西江千户苗寨"锡锈"图案，世界非物质文化遗产。

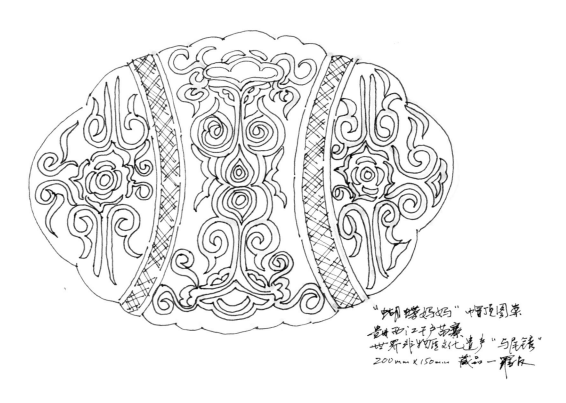

帽顶图案——贵州西江千户苗寨"马尾绣"图案,世界非物质文化遗产。

"护净"栏顶雕花.
古时闺未逃施女子打扮的遮板.

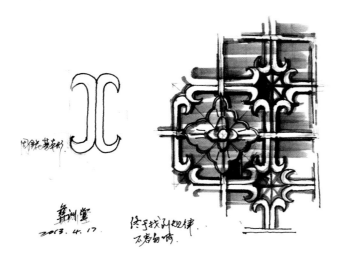

围铺花苏克形

群洲堂
2013.4.17

终于找到规律
不害白啊.

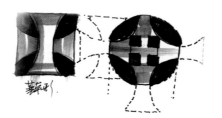

苏杭形

"天常上邸"院内"护净"板雕花收样
2013.4.9.坪吧.

造型元素及构成方式的记录。

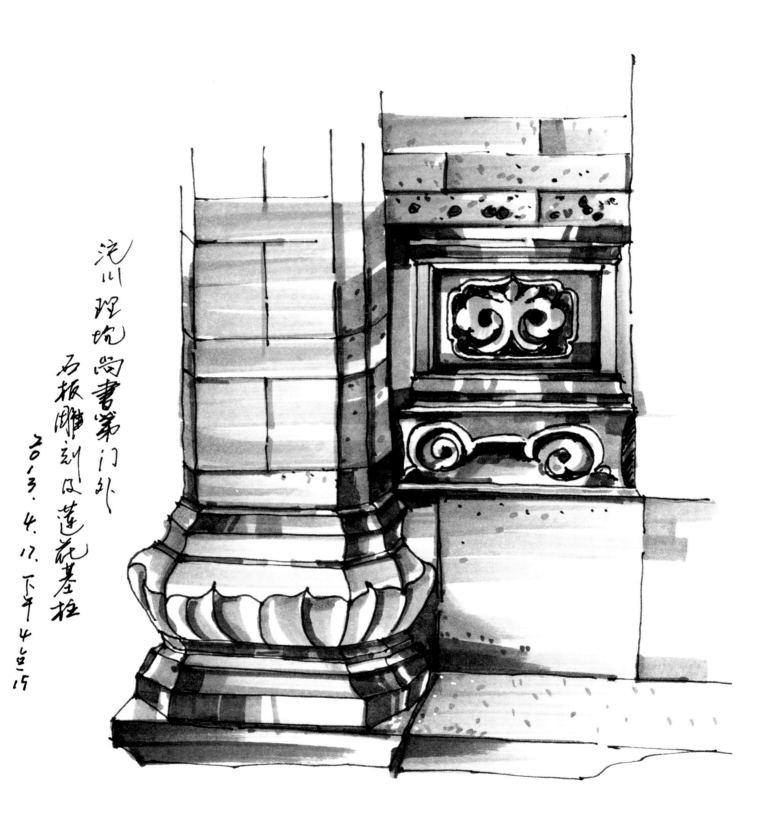

沱川理坑尚书第门外
石板雕刻及莲花基柱
二○一三·四·十八·下午4点15

选取局部造型进行细致刻画，形体记录及表现。

特定场景的细节记录。

江西婺源
二〇一三年四月十九日.

小场景的生活记录。

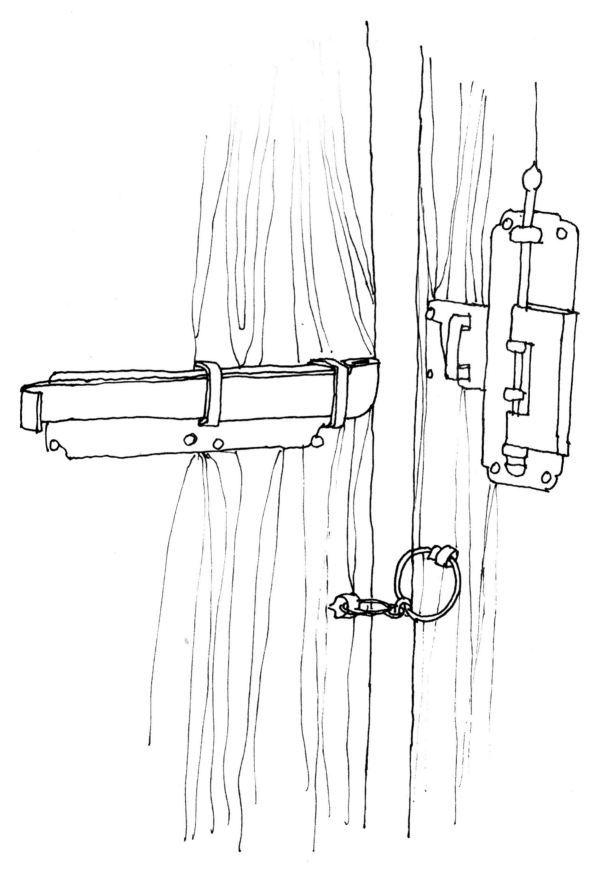

门栓造型构件记录。

江西婺源、
二0一三年四月二十二日.

小场景一角意境表现。

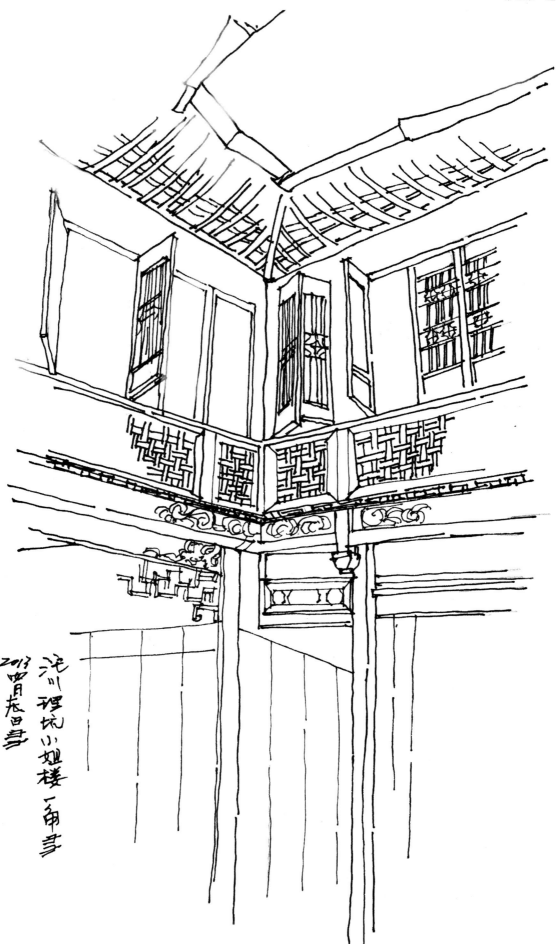

四川理坑小姐楼一角
2013四月校日寻

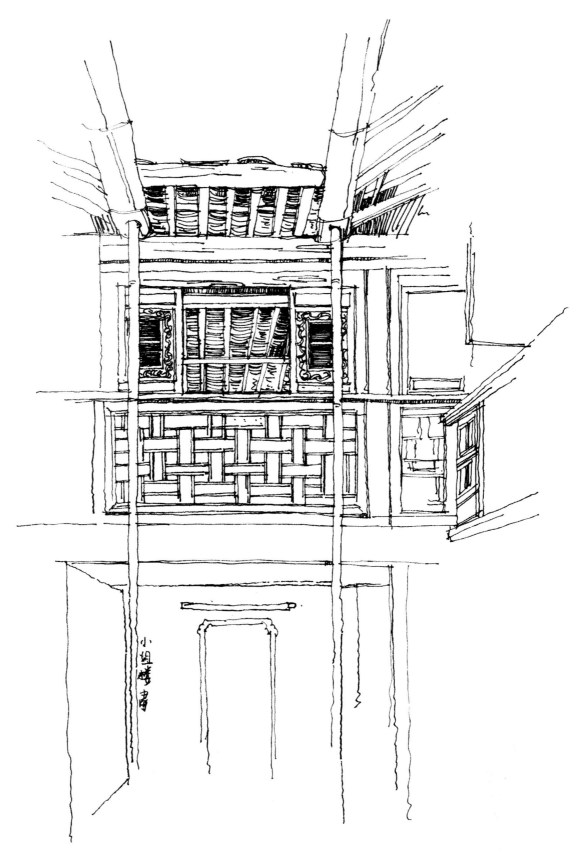

空间架构局部刻画记录。

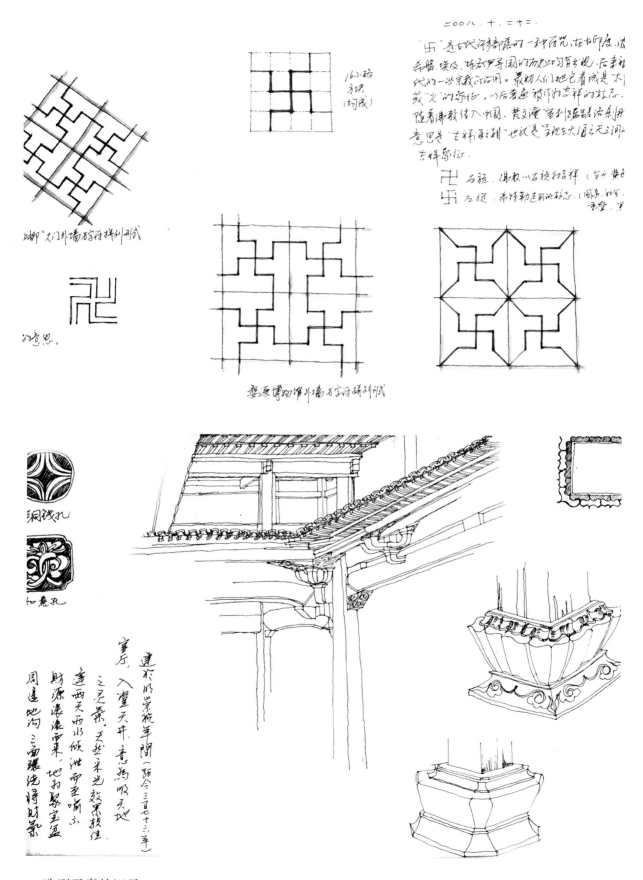

造型元素的记录。

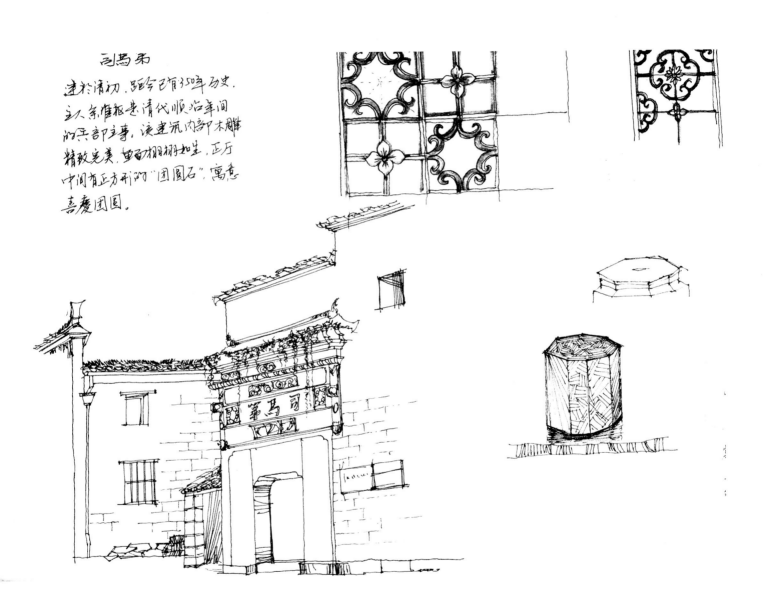

司马第

建于清初,距今已有350年历史。主人系维根是清代顺治年间的兵部主事,该建筑内部木雕精致完美,栩栩如生。正厅中间有正方形的"团圆石",寓意喜庆团圆。

图文并茂的形式记录。

特定场景的整体记录，虚实有致，比例协调。

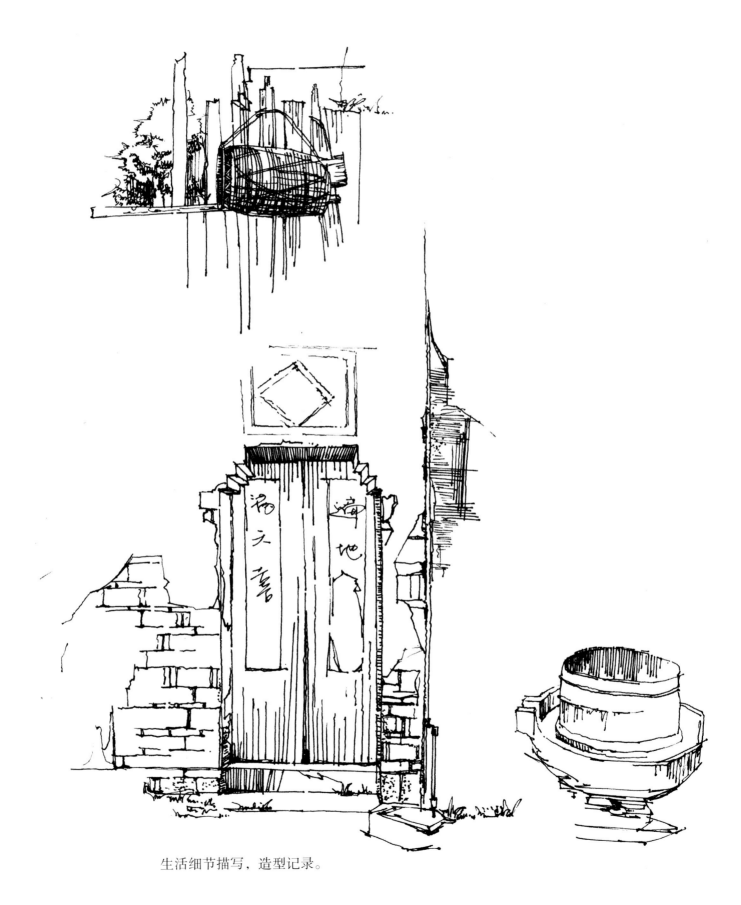

生活细节描写，造型记录。

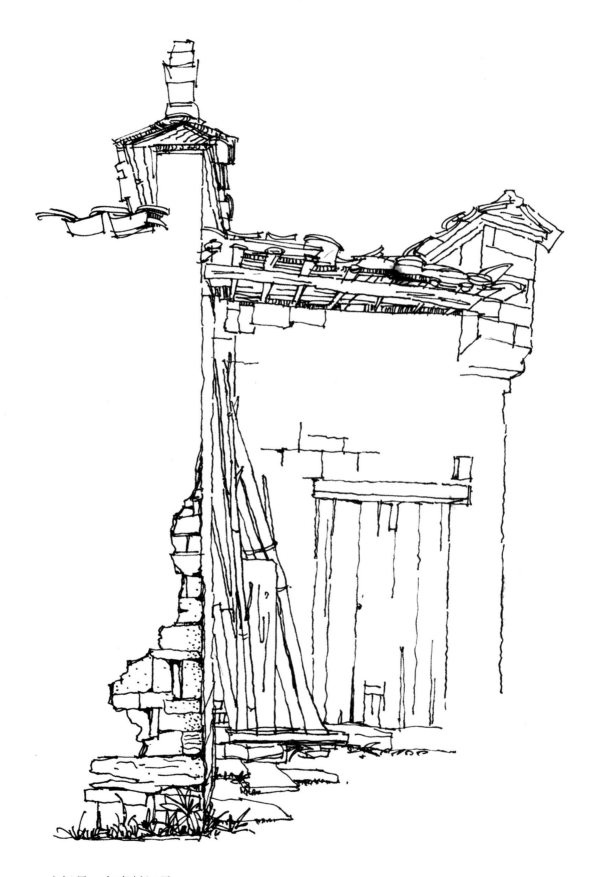

小场景一角素材记录。

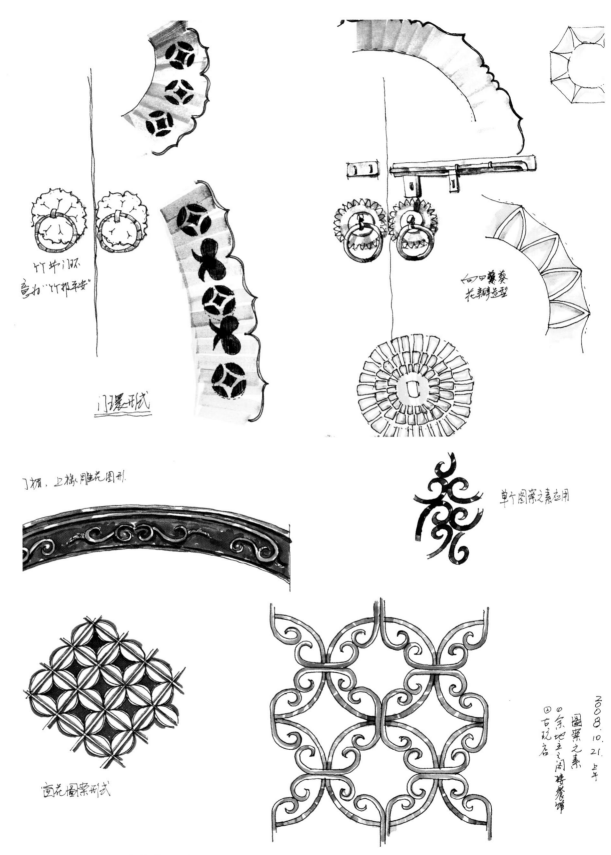

竹牛门环
意为"竹报平安"

门环形式

门楣、上梁雕花图形

窗花图案形式

向日葵葵
花瓣造型

单个图案之素应用

2008.10.21上午
图案之素
①集地之阁楼餐楼
田古玩店

各种造型元素收集记录。

天官上乡 里的"护净"雕花板.

宫厅 排水孔

图案造型记录。

特定造型记录。

生活器物造型记录。

嘉義市立体育館前
長得象蓮花一樣的植物叶
不知名,漂亮得一踏糊涂.
直工筆画作素材起好.
二〇一四.三.十一日.

嘉義車站附近. 有很多被修剪成
半球状的树枝形. 很漂亮很整齐
2014. 3. 12.

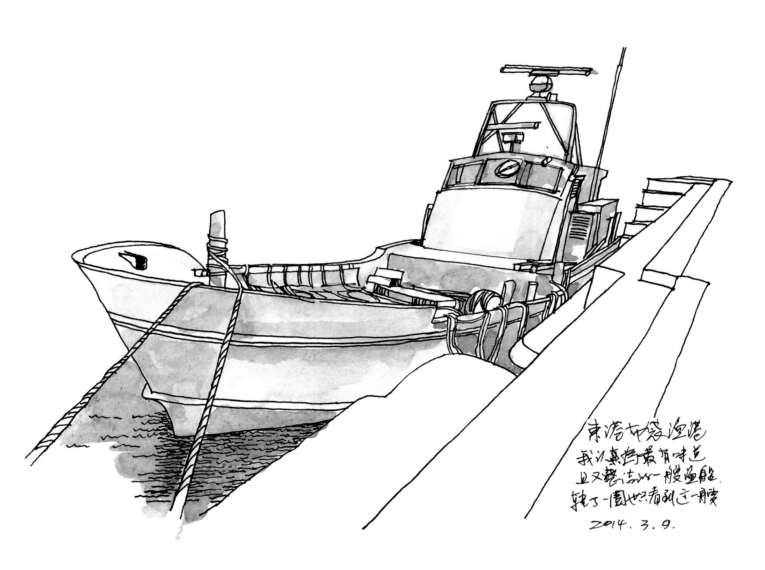

选取有意义的、有代表性的场景或物件进行记录。

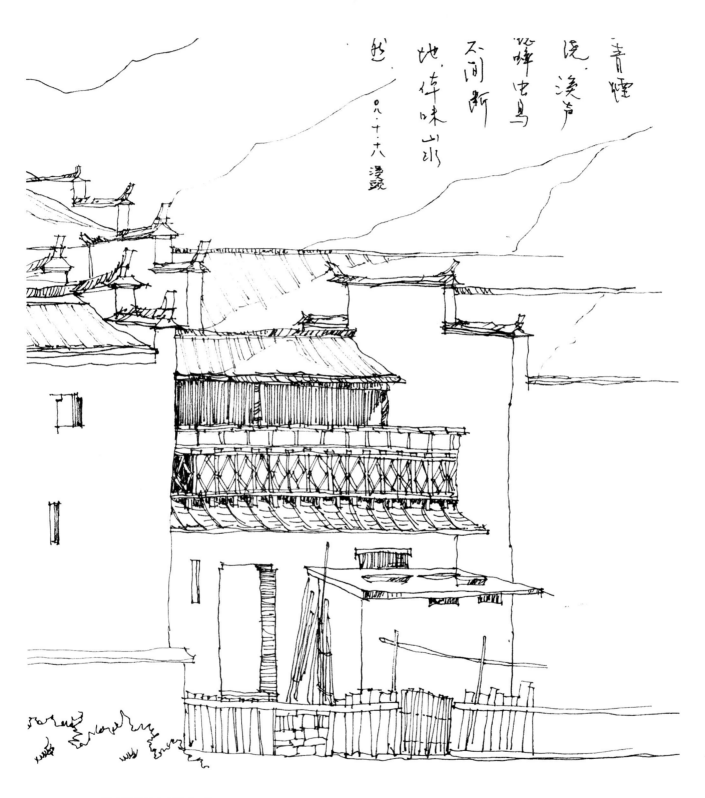

青烟

　　浣溪芦

　　　岫峰出鸟

　　不间断

　　地传味山水

　　越

　　　八·十·六 漫疏

特例形体记录表现。

第六章 速写与方案设计表现

速写记录到一定的量（包含质量和数量），转换成创作或设计草图，就是得心应手的事。很多设计师现在都是依赖电脑绘图，但是在方案设计初期，绘制草案都是以手绘的表现形式居多。

只有平时加强速写这些基本的元素练习，线条表现和方案设计表现才会做创作自如。方案设计的手绘艺术表现，本身也是一种设计艺术语言。

不同的表现形式，将积累的素材、表现的技法转换为专业设计方案表现，是速写基本功的运用，更是表现的实现、层次的提升。

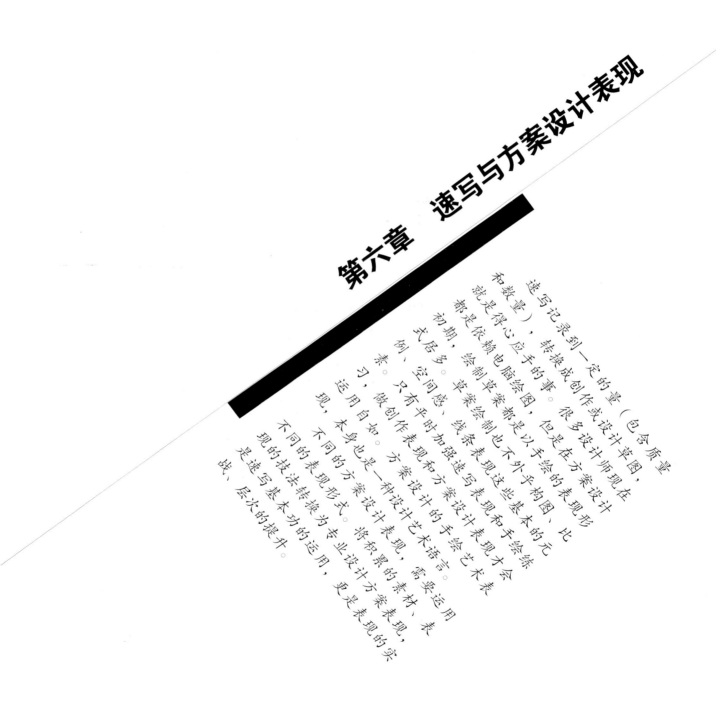

结构、比例在表现中至关重要。

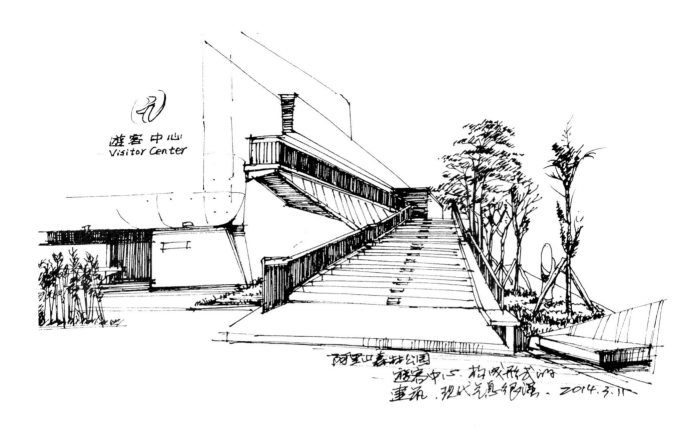

对于大场景，必须从构图到线条每一个环节都预先考虑好。

场景的氛围表现，从整体布局到细节刻画。

〈学生习作〉

空间结构要清晰，运笔不要模棱两可。

江西婺源
二0一三年四月十八日.

〈学生习作〉
　　空间转折关系和细节的表现。

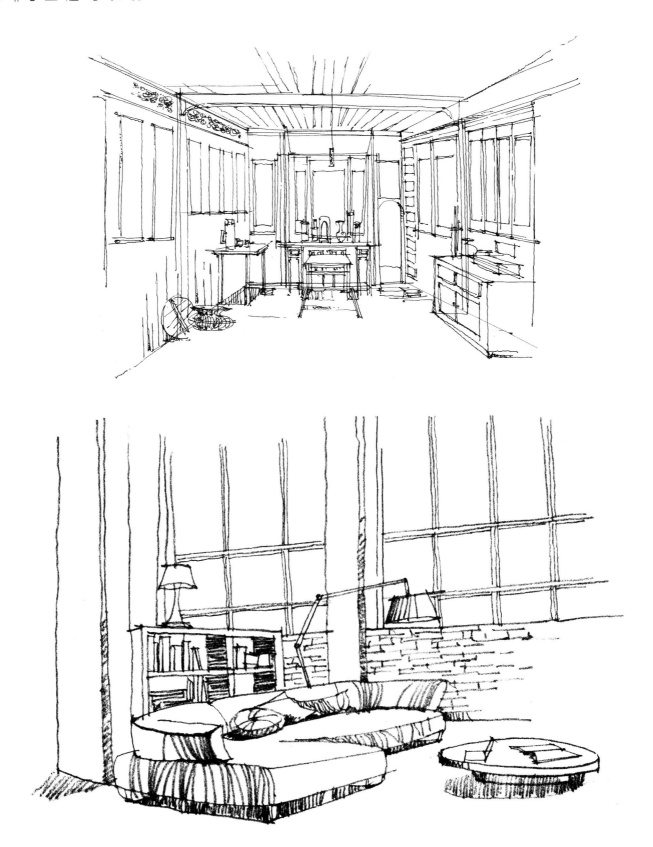

将速写表现逐步转换为方案设计表现。

速写表现里的空间感、线条运用及细节刻画都成了方案设计表现的基础训练。

忠口檀村
2013.4.15. 上午10至

江西省婺源县理坑风景区.
2008.10.11.上午9点20.

特定场景的刻画表现。

用色彩来表达意境。

围墙上的藤蔓

河西营村一景，罗汉树(882)旁

2013. 4. 19. 五三(下)

局部场景的刻画。

速写记录表现的实质就是景观方案设计表现。

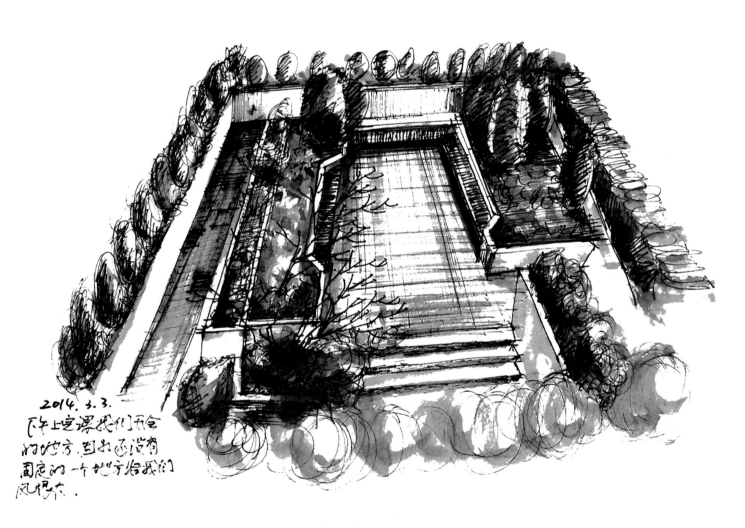

2014. 3. 3.
许上定课我们开会
的地方，到现还没有
固定的一个地方给我们
风得大.

速写记录表现的实质就是景观方案设计表现。

　　使用速写的方式传播中国民间特色元素，其本身就是一种极有品位的传播手段，是一种真实的生产过程，被定格为"画画"，以此形成了艺术与生活的平行对应。

　　我们要用专业意识培养一种"随时观察，随时记录"的学习习惯，并把这种坚持转化为个人生活的一部分，这时你会感觉到生活之余的自由和满足。总之，速写不仅是绘画类型的一种，同时也是一份弥足珍贵的记录档案。

参考文献

[1]刘振武.速写基础教程[M].北京：中国传媒大学出版社，2005.

[2]王晓俊.风景园林设计[M].南京：江苏科学技术出版社，2009.